二十四节气里的诗

天马座幻想◎编著　蓝山◎绘

電子工業出版社
Publishing House of Electronics Industry
北京・BEIJING

图书在版编目（CIP）数据

二十四节气里的诗. 秋 / 天马座幻想编著 ; 蓝山绘. — 北京 : 电子工业出版社, 2018.5

ISBN 978-7-121-33626-3

Ⅰ. ①二… Ⅱ. ①天… ②蓝… Ⅲ. ①二十四节气—通俗读物 Ⅳ. ①P462-49

中国版本图书馆CIP数据核字（2018）第053687号

策划编辑：周　林
责任编辑：裴　杰
印　　刷：北京文昌阁彩色印刷有限责任公司
装　　订：北京文昌阁彩色印刷有限责任公司
出版发行：电子工业出版社
　　　　　北京市海淀区万寿路173信箱　邮编：100036
开　　本：880×1230　1/16　印张：13.75　字数：198 千字　彩插：1
版　　次：2018年5月第1版
印　　次：2018年5月第1次印刷
定　　价：138.00元（共4册）

凡所购买电子工业出版社图书有缺损问题，请向购买书店调换。若书店售缺，请与本社发行部联系，联系及邮购电话：（010）88254888，88258888。
质量投诉请发邮件至zlts@phei.com.cn，盗版侵权举报请发邮件至dbqq@phei.com.cn。
本书咨询联系方式：zhoulin@phei.com.cn，QQ 25305573。

目录 | CONTENTS

秋卷

立秋（8 月 7—9 日）

处暑（8 月 22—24 日）

白露（9 月 7—9 日）

目录 | CONTENTS

秋卷

立秋

大火西流又立秋，
凉风至透内房幽；
一庭白露微微降，
几个寒蝉鸣树头。

农历二十四节气中的第十三个节气，交节时间点在公历 8 月 7—9 日，立秋为七月节，标志着初秋的开始。“秋”是指暑去凉来。“春”万物生长，“秋”万物成熟。“春花秋月”指的是“春”“秋”代表的美景，春天赏花，秋来赏月。到了立秋，梧桐树开始落叶，因此有“落叶知秋”的成语。秋季是天气由热转凉、再由凉转寒的过渡性季节。

立秋关键词

凉风至

寒蝉鸣

梧桐报秋

乞巧节

凉风至

凉风，指凉爽的风。立秋之后，吹到人身体上的风，开始给人以微微凉爽的感觉，告别了盛夏，凉风通常让人感到悲伤。宋代诗人陆游在《秋夜将晓出篱门迎凉有感》里，描写了在凉风习习的初秋夜晚，他感慨万千，思绪飘到被敌国占领的江山：三万里黄河奔腾流入大海，五千仞华山高耸入云，中原的人民流干了眼泪，期盼着南宋的军队能够打回来。

秋夜将晓出篱门迎凉有感

宋·陆游

三万里河东入海，五千仞岳上摩天。

遗民泪尽胡尘里，南望王师又一年。

立秋三候

凉风至：立秋之日『凉风至』。凉风是西风肃清之风，肃清是消除收敛的意思，立秋后刮风时人们会感觉到凉爽，即将肃清万物。

白露降：后五日『白露降』。清凉风来了，早晨便会产生晶莹变白的露珠，此时的气温仍然较热，露珠可以在阳光下滚动。

寒蝉鸣：再五日『寒蝉鸣』。古人认为寒蝉是长的小而青紫的蝉，其实是蝉在天凉之后发声困难，知道生命快要走到尽头，所以更加卖力地鸣叫。

寒蝉鸣

“蝉”俗称知了。雄蝉腹部有发音器，鼓膜受到振动而发出连续不断的尖锐的声音。“寒蝉”是指立秋之后的蝉。宋代诗人柳永写的《雨霖铃》，是一首广为传诵的词，诗人开篇就用初秋凄凉的蝉鸣叫声来衬托两个人离别的情景：黄昏时分，京都汴梁（今河南开封）郊外，一个临时搭起的帐篷内，一对男女饮酒告别；帐外寒蝉伤心地鸣叫；大雨刚停，河边不时传来艄公催促上船的声音；两人握着手，眼里含着泪花，却说不出话来。

雨霖铃

宋·柳永

寒蝉凄切，对长亭晚，骤雨初歇。
都门帐饮无绪，留恋处，兰舟催发。
执手相看泪眼，竟无语凝噎。
念去去，千里烟波，暮霭沉沉楚天阔。
多情自古伤离别，更那堪，冷落清秋节！
今宵酒醒何处？杨柳岸，晓风残月。
此去经年，应是良辰好景虚设。
便纵有千种风情，更与何人说？

梧桐报秋

相见欢·无言独上西楼

南唐·李煜

无言独上西楼，月如钩。
寂寞梧桐深院锁清秋。
剪不断，理还乱，是离愁，
别是一番滋味在心头。

宋代的时候，立秋这一天，宫内要把栽在盆里的梧桐移入殿内，等到“立秋”时辰一到，太史官便高声奏道：“秋来了。”随后，梧桐应声落下一两片叶子，以寓报秋之意。南唐后主李煜写过一首名叫《相见欢·无言独上西楼》的词，那时帝王和江山都毁于一旦，他独自一人登上西楼，抬头看到一钩弯月，低头看到庭院中孤立的梧桐树笼罩在秋夜中，亡国之苦涌上心头，此景此情，用一个“愁”字是说不尽的。

七夕节

秋夕

唐·杜牧

银烛秋光冷画屏，
轻罗小扇扑流萤。
天阶夜色凉如水，
坐看牵牛织女星。

七夕节又称乞巧节，在每年的农历七月初七，相传这天是牛郎织女鹊桥相会的日子，姑娘们来到花前月下，仰望星空寻找银河两边的牛郎星和织女星，希望能看到他们一年一度的相会，向织女乞求智慧和巧艺，祈祷自己能有如意称心的美满婚姻。唐代诗人杜牧的《秋夕》一诗中，就是写七夕节之夜宫中的图景：宫女手里拿着小罗扇，坐在清凉的石阶上，仰视着天河两旁的牵牛星和织女星，不时用扇扑打萤火虫，排遣心中的寂寞和孤独。

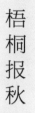

节气赏味：贴秋膘

立秋这天，旧时民间流行"悬秤称人"，就是在空地悬挂一杆大木秤，经过的人轮流称体重，然后把此时的体重和立夏时的体重做对比，瘦了的就要"贴秋膘"，贴秋膘的食物多以肉为主。天津一带的民间还流行"咬秋"，人们在立秋前一天，将瓜果、茄脯、香糯汤等食物放在院里晾一夜，在第二天的立秋日吃下；山东中部的民间在立秋这天流行吃西瓜、吃秋桃，叫做"啃秋"；江南一带立秋的习俗是"食秋桃"，每人吃一个秋桃，然后把核保留起来，到了年除夕时，把桃核丢进火里烧成灰，他们相信这样可以免除来年的瘟疫。

我不用贴秋膘了，我比石头还沉……

把楸叶剪成好看的图案，做成发卡戴在头上，像古人一样迎接秋天吧！

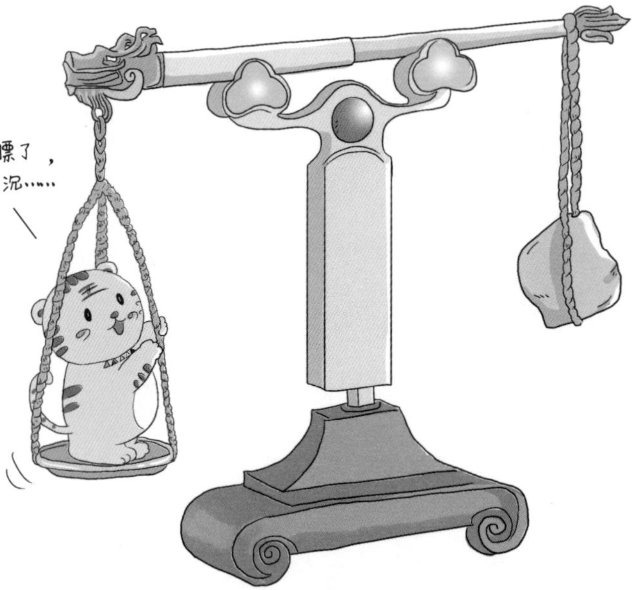

户外活动：寻找 楸叶

自唐朝时，立秋日长安城里就有人卖楸叶，供妇女儿童剪花插戴。到了宋代，在立秋之日戴楸叶就已成为民间习俗。楸叶就是楸树上的叶子，楸树的"楸"与秋天的"秋"同音，人们戴楸叶有迎接秋天、保平安的寓意。现在这种习俗仍在一些农村保留，人们把楸叶剪成各种花样，插在鬓角或佩在胸前，也有人把树枝编成帽子戴在头上。

节气游戏：制作手工玫瑰花

七夕节“赛巧”！制作精美的皱纹纸玫瑰花，比一比谁的手更巧吧！

每年农历七月初七这一天是中国的传统节日七夕节，七夕节又叫乞巧节。相传，在每年的这个夜晚，是天上织女与牛郎在鹊桥相会。织女是一个心灵手巧的仙女，所以古时年轻的女性会在这一天，在庭院向织女星乞求智巧，称为“乞巧”。在七夕节，有穿针乞巧、祈祷福禄寿、礼拜七姐、陈列花果、女红等诸多习俗，小朋友们做一朵美丽的玫瑰花送给“织女”吧。

1 材料准备：剪刀、胶棒、干树枝、粉红色皱纹纸、绿色皱纹纸。

2 用笔在粉色皱纹纸上画出桃心形状，将纸张叠起来，剪出若干片。

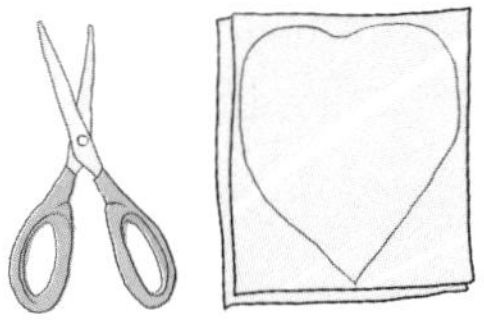

3 将剪出的花瓣稍微弯曲，让它们看起来更像真的花瓣。

4 将花瓣紧紧黏贴在准备好的树枝上。

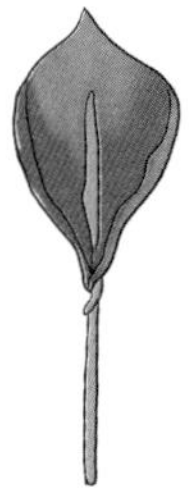

5 陆续将剩余的花瓣一层一层地粘贴在树枝上，花瓣粘贴得越多效果越好！

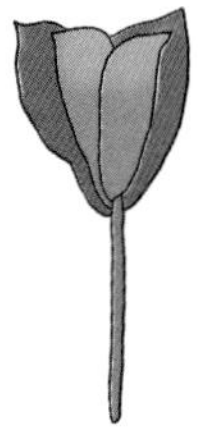

6 将绿色皱纹纸剪成如下图的形状作为玫瑰花的叶子。

7 将叶子粘贴围绕在花朵下方，漂亮的手工玫瑰花就做好啦！

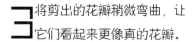

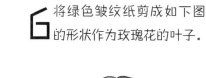

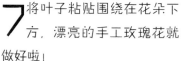

处暑

一瞬中间处暑至，
鹰乃祭鸟谁教汝；
天地属金始肃清，
禾乃登堂收几许。

农历二十四节气之中的第十四个节气，交节时间点在公历8月22—24日，处暑为七月中，初秋时节。处暑的“处”是止的意思，表示暑气到此为止，炎热即将过去。处暑节气意味着进入气象意义的秋天，处暑后中国长江以北地区气温逐渐下降。古人认为处暑之后，连老鹰都能感受到天地的肃气，在捕食之前祭祀猎物。此时的五谷等作物也即将成熟了，因此处暑有很多祭祖、祭祀秋收的活动。

处暑关键词

- 天地始肃
- 五谷成熟
- 悲秋思绪

天地始肃

观沧海

汉·曹操

东临碣石，
以观沧海。
水何澹澹，
山岛竦峙。
树木丛生，
百草丰茂。
秋风萧瑟，
洪波涌起。
日月之行，
若出其中；
星汉灿烂，
若出其里。
幸甚至哉，
歌以咏志。

虽然在处暑时节的草木看起来还丰茂，但万物都已经感受到了秋天的肃清之气，大多植物将要枯萎，动物也开始准备冬眠了。东汉末年著名的军事家、诗人曹操，在远征途中留下了千古名篇《观沧海》，诗人站在碣石山（今河北乐亭）上望向大海，海水起伏，山岛耸立，山上草木很繁盛茂密，瑟瑟秋风吹来，海面顿时涌起波涛。这首诗充分反映了初秋时节，天地间万物壮丽而肃穆的景象。

处暑三候

- 鹰乃祭鸟：处暑之日『鹰乃祭鸟』。鹰在此时感受到天地的肃气，开始大量搏杀猎物，鹰将捕捉的猎物先陈列放好再食用，古人认为这是鹰对食物的祭祀。
- 天地始肃：后五日『天地始肃』。肃是肃清的意思。叶子将要枯萎，动物准备冬藏。
- 禾乃登：再五日『禾乃登』。『禾』是五谷，稻、黍、稷、麦、豆等农作物即将成熟。『登』为成熟，天气肃杀后，庄稼成熟。

五谷成熟

悯农（其一）

唐·李绅

春种一粒粟，
秋收万颗子。
四海无闲田，
农夫犹饿死。

处暑三候“禾乃登”说的就是在处暑之后，五谷都要成熟了。唐朝诗人李绅在《悯农》里写道，春天种下的一粒种子，到秋天能收获万颗粮食，充分反映了秋天五谷成熟时的丰收景象。而诗的后两句写道，全国都没有荒田了，但是农民还是会被饿死，表达了诗人对古时农民辛劳疾苦的同情。

悲秋思绪

秋词（其一）

唐·刘禹锡

自古逢秋悲寂寥，
我言秋日胜春朝。
晴空一鹤排云上，
便引诗情到碧霄。

秋天虽为收获的季节，却又将近冬天，秋色萧瑟，人们一方面感叹岁月不饶人，另一方面也很容易为自己的愁苦境遇感伤，正所谓“自古逢秋悲寂寥”。而唐代诗人刘禹锡在《秋词》中却强调了秋天的朝气：虽然自古以来每逢秋天，大都会感到悲凉寂寥，但我却认为秋天要胜过春天。万里晴空，一只鹤凌云而飞起，就引发我的诗兴到了蓝天上了。

节气赏味：吃鸭肉

俗话说"处暑送鸭，无病各家"，处暑时节，我国江南地区喜欢食用鸭肉来滋阴润肺保养身体，而北京地区在处暑也有吃百合鸭的习俗。处暑时节还正值沿海地区的开渔节，从这一时间开始，人们往往可以享受到种类繁多的海鲜。

户外活动：在中元节放河灯，和父母一起追思先人吧。

中元节俗称鬼节，在农历七月十五日，通常在处暑时节前后，与除夕、清明节、重阳节三节共称中国传统的祭祖大节。中元节有放河灯、焚纸锭的习俗。古时家家户户会将漂亮的河灯放在河水中，寄托对先人的哀思。

中元观河灯
清·乾隆

太液澄波镜面平，
无边佳景此宵生。
满湖星斗涵秋冷，
万朵金莲彻夜明。
逐浪惊鸥光影眩，
随风贴苇往来轻。
泛舟何用烧银烛，
上下花房映月荣。

比一比谁做的中元节河灯最漂亮？

当然是我做的最好看！

节气手工：制作河灯

让我们学习做一朵漂亮的莲花河灯吧！（注意，若要在河里放灯，需用防水纸做哦。）

1 2∶1的长方形彩纸粉色12张，绿色4张。尺寸相同，大小自定。

2 把长方形彩纸对折起来。

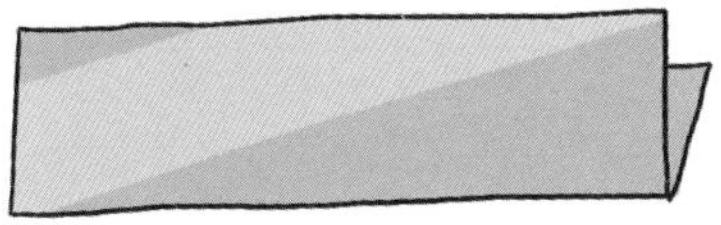

3 四个角向内折。

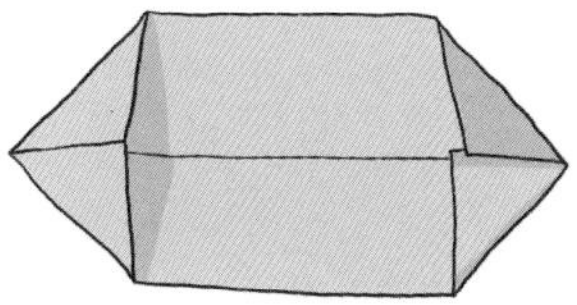

4 将上下两端沿中线折。

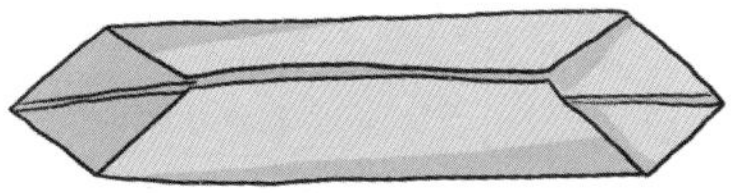

5 再沿中线向后折叠起来。

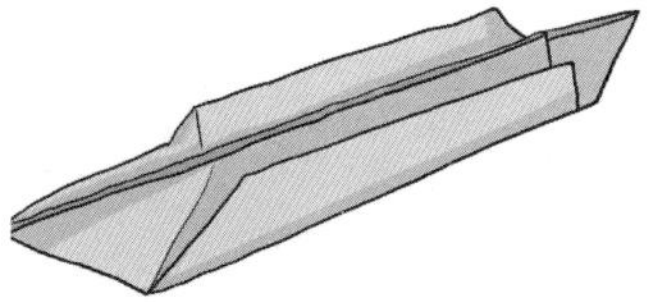

6 绿色折纸要求按照相同折法做到第4步，不同的是，绿色折纸要反方向向中间对折。

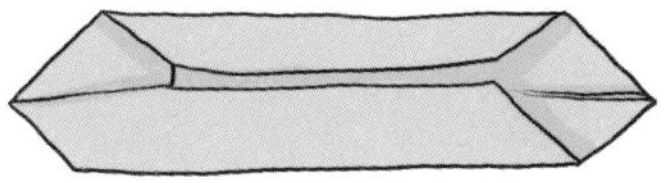

节气手工：制作河灯

7 将3片花和一片叶子作为一组，按中线叠起来作为一组。如图分为四组暂时用回形针固定。

8 将四组用细线紧紧地绑在一起。

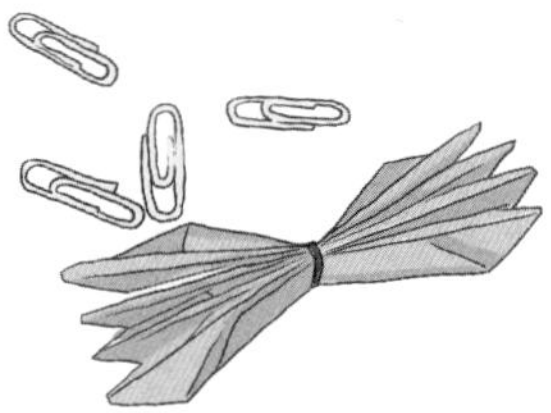

9 绑好后，按下图方式展开。

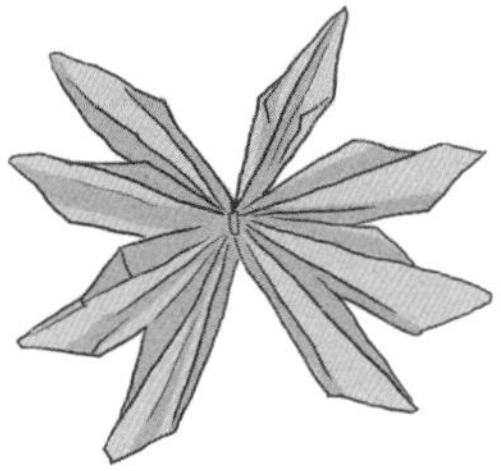

10 现在将最上面一层，向上折起来，作为第一层花瓣。

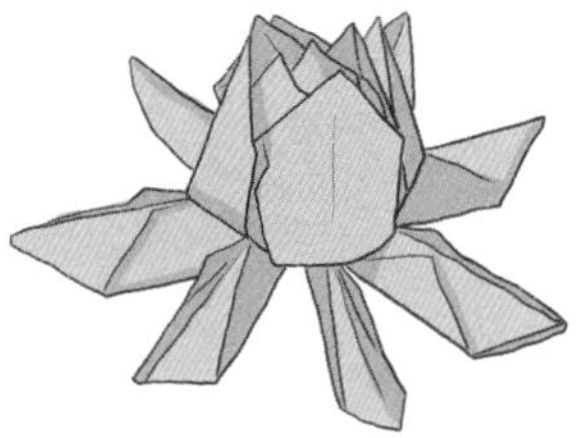

11 把第二三层向上陆续折起来，将粉色部分的莲花做好。

12 将最后一层的叶子向下展开，现在一朵漂亮的纸莲花就做好啦！

白露

农历二十四节气中的第十五个节气，交节时间在公历 9 月 7—9 日，白露为八月节，是仲秋的开始。“露”是由于温度降低，水汽在地面或近地物体上凝结而成的水珠。人们明显感觉到此时夏天的炎热基本消尽。白露时节昼夜温差最大，凉爽的秋天已经到来了。清晨的露水随之日益加厚，凝结成一层白白的水滴，古人以四时配五行，秋属金，金色白，所以称之为白露。

无可奈何白露秋，
大鸿小雁来南洲；
旧石玄鸟都归去，
教令诸禽各养羞。

白露关键词

白露

寒雨绵绵

留鸟备冬

月夜忆舍弟

唐·杜甫

戍鼓断人行，
秋边一雁声。
露从今夜白，
月是故乡明。
有弟皆分散，
无家问死生。
寄书长不避，
况乃未休兵。

白露

露水是夜晚或清晨时，在近地面的水气遇冷凝成的小冰晶，然后再融化，变成物体上的水珠。初秋的清晨，我们常可以在一些草叶上看到一颗颗亮晶晶的小水珠，这就是露水。

唐代诗人杜甫在躲避战乱的时候，在白露节气的当夜，因思念分散的几个兄弟，写下了《月夜忆舍弟》一诗。诗的开篇写道：戍楼（即边防的瞭望楼）上不断响起的鼓声告知人们禁止通行，秋季的边境传来阵阵孤雁的哀鸣，今天开始就是白露时节了，抬头看看月亮，还是故乡的最明亮……

白露三候

鸿雁来：白露之日『鸿雁来』。鸿雁已经感受到温度的变化，开始陆续南飞了，鸿雁二月北飞，八月则开始南飞。

元鸟归：后五日『元鸟归』。元鸟就是燕子，春分时从南方飞到北方，秋天到来时飞去南方。燕子是以昆虫为食，因此也需要为了食物迁徙到南方过冬。

群鸟养羞：再五日『群鸟养羞』。不会因为温度变冷而迁徙的麻雀、喜鹊等鸟，会留在本地过冬。养羞是说这些鸟感受到秋天的肃杀之气，开始储存食物准备过冬。

寒雨绵绵

芙蓉楼送辛渐

唐·王昌龄

寒雨连江夜入吴，
平明送客楚山孤。
洛阳亲友如相问，
一片冰心在玉壶。

夜雨寄北

唐·李商隐

君问归期未有期，
巴山夜雨涨秋池。
何当共剪西窗烛，
却话巴山夜雨时。

白露节气，气温迅速下降、绵雨开始，南下的冷空气与逐渐衰减的暖湿空气相遇，会产生比较多的降雨，所以每次降雨过后，人们都会感到气温有明显的下降。故有“一场秋雨一场寒”之说。唐代诗人王昌龄在《芙蓉楼送辛渐》的诗中，就描写了在这样寒雨绵绵的秋夜里，寒雨与江水连成了一片，诗人送别好友，让他带走自己像冰般纯洁的思乡之情。唐代另一位诗人李商隐在《夜雨寄北》的诗里，描写了巴山（今四川东北的大巴山）绵绵不断的夜雨，涨满了秋天的池水，表达了诗人的寂寞和思念之情。

留鸟备冬

天净沙·秋

元·白朴

孤村落日残霞，
轻烟老树寒鸦，
一点飞鸿影下。
青山绿水，
白草红叶黄花。

天净沙·秋思

元·马致远

枯藤老树昏鸦，
小桥流水人家，
古道西风瘦马。
夕阳西下，
断肠人在天涯。

鸟类根据是否迁徙可分为候鸟和留鸟。候鸟是指冬天迁徙到温暖的南方过冬、春天再迁徙回来的鸟类，如大雁、天鹅等；留鸟是指具备抵抗严寒的能力、冬天仍然留在原地的鸟类，如乌鸦、喜鹊、麻雀等。白露节气到来之后，天气变冷，留鸟开始储备过冬的食物。《天净沙·秋》是元曲作家白朴创作的一首写景的散曲，几只乌黑的乌鸦栖息在佝偻的老树上，远处的一只大雁飞掠而下划过天际——通过对留鸟与候鸟的描写，勾勒出生动的秋景图。同为元曲作家的马致远，在散曲《天净沙·秋思》里，同样以留鸟乌鸦为背景，描绘出了一幅凄凉动人的秋郊夕照图，将作者悲苦的情绪表达得淋漓尽致。

节气赏味：吃时令水果

梨：民间有“白露打枣，秋分卸梨”的谚语，白露时节正是梨上市的时候，此时的梨肉多汁，有润肺的功效，但因为梨性寒，容易伤脾胃，不宜多吃，也可以榨汁或煮汤饮用。

龙眼：龙眼是一种南方的水果，七月份成熟，白露时节已经上市，正是吃龙眼的好时候。龙眼甜美可口，有助于健脾、补血、益智，但龙眼容易上火，儿童一天不要超过 250 克，成人不要超过 500 克。

石榴：白露时节正值石榴成熟的节气。石榴口感酸甜，具有生津液、止烦渴等功效，深受孩子的喜爱。石榴也可以捣成汁饮用，具有清热解毒、润肺等功效。

户外活动

芦苇一般在白露节气前后开花，秋水中的芦苇丛是秋季最美丽的景致之一，诗经里的名篇《蒹葭》就描写了白露时节的芦苇胜景，蒹葭就是芦苇，诗中"白露为霜"的"霜"并非霜降的霜，而是形容露水在气温低的时候，变得奶白的色彩，点明了节气特征。

古时在白露节气时，民间有用瓷器收取植物上清露的习俗，人们用收集的清露和以朱砂，点染在小孩额头及心窝，称之为天炙，以祛百病。

在白露节气的清晨，和父母一起去感受秋季芦苇花开的胜景，并将芦苇花上清澈的露水抹在额头上或收集在小瓶子里吧！

蒹葭（节选）
《诗经》

蒹葭苍苍，白露为霜。
所谓伊人，在水一方。
溯洄从之，道阻且长。
溯游从之，宛在水中央。

白露时节收集的露水是最神奇的"仙水"！只有早期才能采集到露水哦！

一会心帮萌萌虎抹在额头上！

秋分

自入秋分八月中，
雷始收声敛震宫；
蛰虫坯户先为御，
水始涸兮势向东。

农历二十四节气中的第十六个节气，交节时间在公历 9 月 22—24 日。秋分为八月中，正是仲秋赏月时。秋分代表着秋天过了一半。秋分和春分一样，太阳直射赤道，昼夜平分，白天与黑夜一样长。从这天开始，北半球的黑夜慢慢变得比白天长，降水减少，白天感觉秋高气爽，夜晚可见明月星空。

秋分三候

雷始收声：秋分之日『雷始收声』。雷在二月春分时节发声，秋分之后，随着降水减少，打雷和闪电也开始减少。古人认为雷是因为阳气盛而发声，秋分后阴气开始旺盛，所以不再打雷了。

蛰虫坯户：后五日『蛰虫坯户』。『坯』是培的意思，这时需要冬眠的动物感受到了寒气，开始建造牢固的住所了。

水始涸：再五日『水始涸』。春分后，春水长；秋分后，秋水凝。涸是干枯的意思，此时由于天气干燥，水气蒸发快，所以湖泊与河流中的水量变少，一些沼泽及水洼处便处于干涸状态。

中秋节，又称八月节或团圆节，与端午节、春节、清明节并称中国四大传统节日，时间在每年的农历八月十五。自古便有吃月饼、赏桂花、饮桂花酒等习俗。每逢中秋，人们仰望皓月当空，在尽情赏月之际，会情不自禁地想念远游在外、客居异乡的亲人。宋代文学家苏轼，在中秋节这天留下了千古名篇，“明月几时有，把酒问青天”——通过中秋望月，展开联想，寄托对弟弟的思念之情，希望这世上所有人的亲人能平安健康，即便相隔千里，也能共享这中秋佳节的月光。

水调歌头

宋·苏轼

明月几时有？把酒问青天。
不知天上宫阙、今夕是何年？
我欲乘风归去，又恐琼楼玉宇，高处不胜寒。
起舞弄清影，何似在人间？
转朱阁，低绮户，照无眠。
不应有恨、何事长向别时圆？
人有悲欢离合，月有阴晴圆缺，此事古难全。
但愿人长久，千里共婵娟。

秋分关键词

中秋佳节

朗月夜空

秋收

中秋佳节

朗月夜空

望洞庭

唐·刘禹锡

湖光秋月两相和，
潭面无风镜未磨。
遥望洞庭山水翠，
白银盘里一青螺。

古朗月行（节选）

唐·李白

小时不识月，
呼作白玉盘。
又疑瑶台镜，
飞在青云端。
仙人垂两足，
桂树何团团。
白兔捣药成，
问言与谁餐？

春分赏花，秋分赏月，“春花秋月”是中国最美丽的季节景色代表。为什么秋分时节最适合赏月呢？因为此时地球与太阳的倾斜度加大，华夏大地上空的暖湿空气逐渐消退，而西北风还很微弱。仲秋时节湿气已去，风沙很少，因此空气显得格外清新，夜空晴朗，是赏月的最佳时节。唐代大诗人李白在《古朗月行》里用丰富的想象和传说，表达了孩童对月亮的美好想象。刘禹锡在《望洞庭》的诗里也通过秋月衬托出洞庭湖美丽的清朗夜景。

秋收

秋日田园杂兴（之一）

宋·范成大

新筑场泥镜面平，
家家打稻趁霜晴。
笑歌声里轻雷动，
一夜连枷响到明。

秋分之后，北半球气温逐日下降，将慢慢步入深秋季节，这时候大部分农作物已经成熟，秋收、秋耕、秋种“三秋”大忙开始了，人们要抓紧时间收割庄稼，如果收割得不及时，则会对接下来的播种冬作物工作造成影响。南宋诗人范成大在《秋日田园杂兴》其中一首里，写到秋收的场景——新造的秋场地面像镜子一样平坦，家家户户都忙着在霜后的晴天打稻谷，秋场上农人欢笑着歌唱如轻雷阵阵，农人挥舞着连枷打稻谷的声音从夜里一直响到天亮。

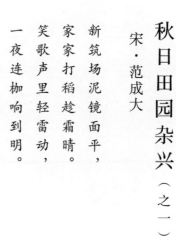

户外活动：和家人一起团聚赏月，吃瓜果，听传说。

中秋赏月活动始于魏晋时代，最初中秋人们是祭拜月神，后来就演变成了赏月，碧空如洗，圆月如盘，这样的夜晚确实是一道美丽的风景。到了唐宋时代，赏月的习俗已在民间盛行起来，文人们写过很多关于赏月的诗篇。明清时期之后，赏月拜月被人们寄予了渴望团聚、康乐和幸福的寓意。

每逢中秋夜晚，一家人在庭院里围一张桌子坐下，桌上摆出月饼、石榴、核桃、花生、西瓜等果品，边赏月，边闲谈，直到一轮圆月升到半空，人们分食供月果品，其乐融融。

节气亲子互动

节气赏味：月饼

月饼是中秋的节日食俗。月饼呈圆形，象征着全家团圆和睦。据说月饼是古代中秋祭拜月神的供品，习俗始于唐朝，到了北宋开始从宫廷传到民间。宋代大诗人苏东坡有“小饼如嚼月，中有酥与饴”的诗句，描写的是典型的苏式月饼，宋代的月饼是用酥油和糖作馅的。到了明代，月饼已经成为全民的节日食品了。目前，中国的月饼有四大派系：广式月饼、京式月饼、苏式月饼和滇式月饼。

广式月饼是广东省地方特色名点之一，虽然起源于广州，但广式月饼已流行于全国各地，是最受欢迎的中秋月饼之一。广式月饼皮薄馅大、图案精致、花纹清晰、种类丰富，五仁、豆沙、莲蓉、枣泥、蛋黄等都是很受欢迎的馅料。

京式月饼起源于京津及周边地区，最大的特色是宫廷风格，做工考究，制作程序非常复杂，口感松脆，甜度适中，主要有蛋黄茶油月饼、自来红月饼等。

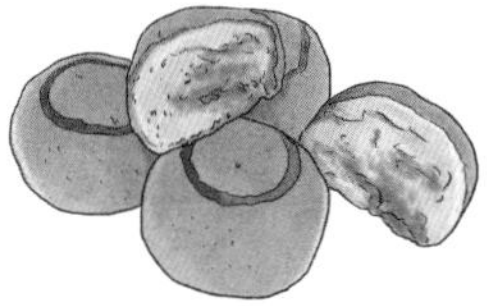

苏式月饼起源于上海、江浙及周边地区，宋朝诗人苏轼的诗句“小饼如嚼月，中有酥和怡”说的就是苏式月饼。苏式月饼的特点是“酥”，用牙轻轻一咬就酥散了。而鲜肉月饼也是苏式月饼中很受欢迎的一种。

滇式月饼属于滇菜系，是云南的地方传统糕点，其中的云腿月饼和鲜花饼是滇式月饼的代表，最重要的特点是馅料采用了滇式火腿，饼皮疏松，馅料咸甜适口，有独特的滇式火腿香味。

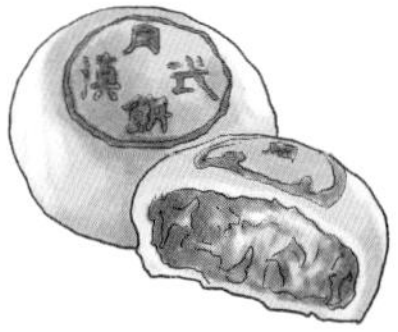

寒露

农历二十四节气中的第十七个节气，交节时间在公历 10 月 7—9 日。寒露是九月节，此时已至深秋。寒露的气温比白露时更低，地面的露水更加冷凉，快要凝结成霜了。随寒气增长，万物萧落，气候由冷转寒，“寒”表示天气将由凉爽变得寒冷。从此天寒夜长，最后一批的鸿雁急于南飞。而传统节日重阳节多在寒露节气前后，此时正是赏菊登高的最佳时节。

寒露人言晚节佳，
鸿雁来宾时不差；
雀入大水化为蛤，
争看篱菊有黄花。

寒露三候

鸿雁来宾：寒露之日「鸿雁来宾」。鸿雁在白露节气就开始启程南飞了，古人称后到者为「宾」，代表此时南飞的鸿雁是最后一批了。

雀入大水为蛤：后五日「雀入大水为蛤」。深秋天寒，雀鸟都不见了，水里的蛤蜊多了起来，古人认为鸟类化为水里的动物，是对寒意来袭的一种表达。

菊有黄华：再五日「菊有黄华」。「华」就是花，草木多因为天暖而开花，菊花却因为不畏天冷而开花，所以自古多被诗词歌赋吟颂。

寒露关键词

鸿雁来宾

赏菊

重阳登高

小雅 · 鸿雁

《诗经》

鸿雁于飞，肃肃其羽。之子于征，劬劳于野。爰及矜人，哀此鳏寡。

鸿雁于飞，集于中泽。之子于垣，百堵皆作。虽则劬劳，其究安宅?

鸿雁于飞，哀鸣嗷嗷。维此哲人，谓我劬劳。维彼愚人，谓我宣骄。

鸿雁来宾

从白露到寒露期间，大雁陆续南飞，早到的大雁已经是那里的主人了，先到为主，后到为宾，晚到的大雁则像宾客一样。它们通常排成“一”字形或“人”字形飞行，一边飞一边发出叫声来互相照应，途中会在河边、草丛里觅食和休息，而有些大雁再启程时没有跟上队伍，便会发出凄惨的叫声，死在旅途中。诗经中的《小雅 · 鸿雁》用鸿雁比喻在外服苦役的人们，他们常年居无定所，像流离失所的孤雁一样哀鸿遍野。

赏菊

饮酒二十首（其五）

晋·陶渊明

结庐在人境，
而无车马喧。
问君何能尔，
心远地自偏。
采菊东篱下，
悠然见南山。
山气日夕佳，
飞鸟相与还。
此中有真意，
欲辨已忘言。

重阳节古称菊花节，寒露前后正是赏菊的最佳时节。此时正值菊花怒放，清芳幽香。唐宋时，重阳赏菊的风俗就已经形成。宋代，菊花名种培植繁多，种菊、赏菊已成当时居民的一大活动。其实早在汉魏时，重阳节就有登山、佩茱萸和饮菊花酒之俗。晋代诗人陶渊明最爱菊花，他写的《饮酒》一诗，有“采菊东篱下，悠然见南山”的千古名句，后世把菊花雅称为“陶菊”。菊花多生长在比较偏僻的地方，一副与世无争的样子，也被称为花中的隐士。

九月九日忆山东兄弟

唐·王维

独在异乡为异客，
每逢佳节倍思亲。
遥知兄弟登高处，
遍插茱萸少一人。

重阳登高

农历九月初九为重阳节，历来有登高的习俗。古人热衷于在秋高气爽的季节登高，最初是为了驱邪避灾，后来逐渐变成休闲娱乐、强身健体的文体活动。唐代诗人王维在 17 岁时，独自一人漂泊在洛阳和长安之间，在重阳节这天，他佩戴茱萸登高时，忽然想起了远在故乡的兄弟们，于是写出了《九月九日忆山东兄弟》一诗，来表达诗人佳节思亲之情。

节气赏味：吃花糕（重阳糕）

重阳糕又叫花糕、菊糕、枣糕、五色糕等，是传统的重阳节食物。这种习俗主要流行于我国南方的一些地区。有烙、蒸两种做法，与年糕的做法相似，但比年糕要小、要薄，为了美观，人们把重阳糕做成五颜六色的。讲究的重阳糕一定要作成九层，形似宝塔，顶端再做上两只小羊，呼应重阳（羊）之意。

主料：粘米粉、糯米粉、紫薯馅、白糖等。辅料：桂花酱、熟黑芝麻、樱桃干、杏仁等。

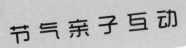

节气手工：制作茱萸香袋

茱萸有吴茱萸、山茱萸和食茱萸之分，都是有名的中药材，具有杀虫消毒、逐寒祛风的功能。

材料：每袋用吴茱萸 3—6 克（可以自己采摘，也可以到药店购买，如果是茱萸的种子最好捣碎），方形小布料一块，丝线一条。

1 准备好碎布和采摘或购买的茱萸。

2 将布料剪成大小合适的长方形，将其对折。

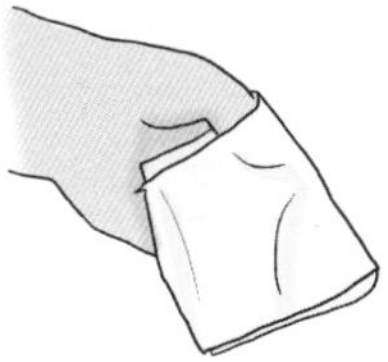

3 用针将两边缝合，留出开口。（小朋友请让家人帮忙缝。）

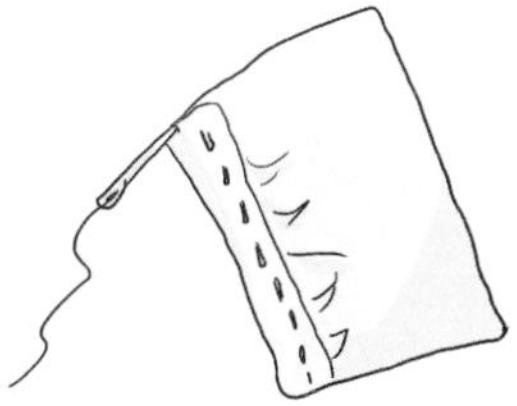

4 将口袋翻过来整理好。

5 将香料装在袋子里，找一条漂亮的丝带绕在袋子上缝好。

6 最后找一些漂亮丝带和小珠作为装饰，属于你的茱萸香袋就做好了，快佩戴在身上吧！

户外活动：重阳节登山

农历九月初九，是我国的传统节日——重阳节。我们的先人将重阳看作是吉祥、长寿的节日。古人将“九”看作是吉祥、长久的“至数”、“阳数”，而九月初九恰是两阳重叠，所以叫“重阳”。

传说东汉年间，汝南人桓景跟随易学大师费长房游学多年。有一天，费长房对桓景说：九月初九这天，你家将有大祸临头，你必须立即回家，叫家人用茱萸系在臂上，举家登高。果然，在九月初九这天，桓景家的家畜全部瘟死，而桓景家人听师言而得幸免。

从此以后，每年到了重阳节，家家户户便纷纷登山避邪。在今天，重阳登山已经变成家家户户喜爱的节日活动。

霜降

休言霜降非天意，
豺乃祭兽班时意；
草木皆黄落叶天，
蛰虫咸俯迎寒气。

农历二十四节气中的第十八个节气，交节时间在公历 10 月 22—24 日之间，霜降为九月中的深秋时节，秋天已经告别，寒冷的冬天正悄悄来临。地面气温低于 0℃时，露水凝结为霜，这是一层白色的美丽冰晶。俗语说“霜降杀百草”，经过严霜打过的植物，全都失去了生机，大多都要枯萎了。霜降节气是赏红叶的最佳时期。

霜降关键词

秋霜

红叶

秋风扫落叶

秋霜

枫桥夜泊

唐·张继

月落乌啼霜满天，
江枫渔火对愁眠。
姑苏城外寒山寺，
夜半钟声到客船。

秋浦歌

唐·李白

白发三千丈，
缘愁似个长。
不知明镜里，
何处得秋霜？

到了霜降时节，最低温度已下降到0℃以下，近地面空气中的水汽达到饱和，便会在地面或植物上直接凝结形成细微的冰晶，霜花色白且结构疏松。唐代诗人张继，在安史之乱后，途经寒山寺时，写下了广为流传的《枫桥夜泊》。诗里讲述了一个深秋的霜天之夜，诗人在客船上的孤独和忧愁，月落乌啼、寒夜霜天、江枫渔火，伴着寒山寺的夜半钟声，构成了一幅隽永、幽静的江南秋景图。而唐代大诗人李白在《秋浦歌》里用秋霜比喻自己的一头白发，来表达内心的愁绪。

霜降三候

- 豺祭兽：霜降之日『豺祭兽』。豺狼（豺狗），将捕食的猎物陈列后再食用，古人认为这是豺狼在祭祀食物，也是告别秋天的一种仪式。
- 草木黄落：后五日『草木黄落』。木叶纷纷飘零，秋风扫落叶，标志着万物凋零的冬天马上来临。
- 蛰虫咸俯：再五日『蛰虫咸俯』。『咸』是皆的意思，『俯』是低下头，这里是说需要冬眠的动物都在洞中，不动也不吃了，垂下头来准备进入冬眠。

红叶

山行

唐·杜牧

远上寒山石径斜，
白云生处有人家。
停车坐爱枫林晚，
霜叶红于二月花。

红叶，是一类观赏树木，多生长在山地，品种以黄栌红叶和枫树红叶最多，进入霜降节气后，树叶变红，满山遍野的红叶是秋天最为壮丽的自然景观。古人们认为红叶是由于“霜打”而形成的，其实主要是因为温度的降低，使叶子里的叶绿素减少造成的。唐代诗人杜牧写过一首赞美山林红叶的七言诗，名为《山行》，用弯弯曲曲的山路、白云深处的隐约人家，被秋霜染过的红叶比早春二月的花还要红艳，这一切组合成了一幅画面，展现出了动人的山林秋色。

秋风扫落叶

风

唐·李峤

解落三秋叶，
能开二月花。
过江千尺浪，
入竹万竿斜。

进入霜降节气后，温度骤然下降，北方一些树木的叶子就开始枯黄、衰老。秋风吹起的时候，便将这些树上的叶子吹落到地上。这便是人们常说的“秋风扫落叶”。唐代诗人李峤在《风》一诗中，描述风能吹落秋天发黄的树叶，能吹开春天美丽的鲜花，当它经过江面时能掀起千尺大浪，刮进竹林时可以使所有的竹子倾斜。诗句中巧妙地嵌入了“三”“二”“千”“万”这些数字来表现“风”在季节景物中的变化。

节气赏味：霜降吃柿子，冬天不感冒

柿子的最佳成熟节气在霜降前后，这个时节的柿子个大汁甜，营养价值高。柿子有清热润肺、祛痰镇咳的功效。据传，霜降吃柿子的习惯源于明代皇帝朱元璋，他从小家中贫穷，有一年霜降节那天，朱元璋饿得两眼发黑，讨饭时经过一个村庄，看到了一棵柿子树，上面结满了柿子，他爬上去饱吃了一顿。他当上皇帝后，就封这棵树为“凌霜侯”。后来，霜降吃柿子就成为了民间习俗。

节气手工

捡拾落叶，红的、黄的、绿的，色彩缤纷，可做一幅漂亮的落叶画。

秋天落叶随处可见，把丰富多彩、颜色各异的树叶捡回家，让孩子自己动手，根据每一片树叶的花纹、大小、形状，拼贴成自己喜欢的树叶拼贴画，然后把它展示在你的家中，对孩子来说是一件非常有成就感的事情。

工具和材料：捡来的各种树叶、剪刀、胶水。

1 捡回各种颜色大小形状不一的叶子。

2 用漂亮的颜色搭配，拼出蝴蝶形状。

3 简单地拼贴，一只秋蝉就出现了。

4 在纸上贴好叶子，简单几笔就可以变出更多形状，快来发挥自己的想象，制作更多的树叶画吧！

户外活动

霜降是秋季的最后一个节气。此时已临近立冬，气温大降，北方一些地区已初见冰霜，鱼儿开始游入深水区。这时仍是秋钓的旺季。俗话说：霜降鱼蓬勃，鲜味跑大街。

《题秋江独钓图》是清代诗人王士祯的一首题画诗。这首诗巧妙地嵌入九个“一”，描写了秋江边渔人独钓的逍遥景象。

题秋江独钓图

清·王士祯

一蓑一笠一扁舟，
一丈丝纶一寸钩。
一曲高歌一樽酒，
一人独钓一江秋。